Angelika Kipp

Kunterbunte Clownerei

Fensterbilder aus Tonkarton

frechverlag

Von der bekannten Autorin Angelika Kipp sind im Frech-Verlag zahlreiche andere fröhliche Basteltitel erschienen:

TOPP 1759

TOPP 1715

TOPP 1762

TOPP 1683

TOPP 1714

TOPP 1521

Fotos: Frech-Verlag GmbH + Co. Druck KG, 70499 Stuttgart
Zeichnungen: Berthold Kipp

Auflage: 5. 4. 3. 2. | Letzte Zahlen
Jahr: 1998 97 96 95 94 | maßgebend

frechverlag GmbH + Co. Druck KG, 70499 Stuttgart

ISBN 3-7724-1780-9 · Best.-Nr. 1780

Druck: Frech-Verlag GmbH + Co. Druck KG, 70499 Stuttgart

In all den Jahrhunderten hat sich nichts geändert: Clowns haben nichts von ihrer Faszination verloren!

Ob groß oder klein, ob Arm oder Reich, ob Mann oder Frau, Clowns erobern im Sturm unsere Herzen, verzaubern und lassen uns den Alltag vergessen!

Und dabei sind sie doch ganz unterschiedlich, der Weißclown, der dumme August oder der Pierrot.

Zum Beispiel der Weißclown: Er ist im Vergleich zu seinen Freunden ganz schön intelligent, tritt in den Clownnummern im Zirkus als Regisseur auf, der den anderen dummen Clowns zeigt, wo's langgeht. Sein weiß geschminktes Gesicht, die schwarzen Striche über den Augenbrauen und das prächtige Kostüm sind seine Markenzeichen.

Dann gibt's da ja auch noch den dummen August – er ist für allen Spaß und Unsinn zu haben! Die rote Knollennase, die viel zu großen Schuhe, die bunte und zerrissene Kleidung ... er ist einfach liebenswert, dieser tollpatschige Geselle!

Vielleicht sind sie deshalb auch so beliebt, die Clowns, die uns verzaubern. Sie weinen und lachen, sie ärgern und freuen sich, sie zeigen Schadenfreude und Mitleid, sie treiben Schabernack und ziehen ihren Freund aus der Patsche ... sie sind einfach wie wir!

Viel Spaß beim Basteln!

Angelika Kipp

Tips und Tricks beim Basteln

Übertragen des Motives

Haben Sie sich für Ihren Lieblingsclown entschieden, legen Sie ein Stück Transparent- oder Butterbrotpapier auf den Vorlagenbogen. Kleben Sie es am besten zuerst mit einem kleinen Klebestreifen fest, damit es nicht verrutscht.
Zeichnen Sie dann alle Linien der Figur mit einem weichen, aber spitzen Bleistift nach. Anschließend wenden Sie das Transparentpapier und legen es auf den farbigen Tonkarton. Mit einem spitzen Bleistift zeichnen Sie alle Linien nochmals kräftig nach. Bei diesem Arbeitsgang wird der zuerst gezeichnete Bleistiftstrich auf den Karton übertragen. Die Vorlagen können Sie nun mühelos ausschneiden; evtl. vorhandene Bleistiftstriche entfernen Sie mit einem weichen Radiergummi.

Gestaltung des Motives von der Vorder- und Rückseite

Ein freihängendes Fensterbild sollte von der Vorder- und der Rückseite gearbeitet werden. Hierzu benötigen Sie die meisten Teile in doppelter Ausführung.
Die Teile werden nur spiegelverkehrt, aber in der gleichen Reihenfolge wie auf der Vorderseite angeordnet.

Aufhängung

Es gibt verschiedene Möglichkeiten, ein Fensterbild aufzuhängen. Sie können sich zwischen dem altbewährten Faden oder einem Klebeband entscheiden.

Wenn Sie mit einem Faden arbeiten wollen, balancieren Sie das Motiv zwischen Daumen und Zeigefinger aus, bis Sie die richtige Stelle gefunden haben. Mit einer Nadel stechen Sie dann einige Millimeter vom Rand entfernt in das Motiv und ziehen nun den Faden durch.

TIP:
Je größer Ihr Clown ist, um so eher sollten Sie ihn an zwei Fäden aufhängen.

Basteln mit und ohne Plusterfarbe

Clowns sind der Inbegriff von Phantasie und Vielfalt – dieses Buch bietet deshalb viele Möglichkeiten zur freien Gestaltung!
Da wären zum Beispiel die Plusterfarben: Sie geben der kunterbunten Clownerei dieses Buches eine phantastisch-plastische Wirkung.
Wenn Sie Ihr fröhliches Fensterbild allerdings lieber schlicht möchten, kein Problem: Alle mit Plusterfarben dekorierten Motivteile sind auf dem Vorlagenbogen ganz normal eingezeichnet. Wählen Sie dann einfach eine passende Tonkarton-Farbe – Ihr Clown wird auch in dieser Form an Ihrem Fenster eine fröhliche Clownerei anstellen!

Plusterfarbe

Plusterfarbe ist vielseitig einsetzbar; sie eignet sich für Stoff, Leder, Papier, Kunststoffe, Holz, und, und, und.
Mit dem Pluster-Pen, der über eine Malspitze verfügt, können Sie die Farbe dünn und sauber auftragen.
Fönt man die Farbe, dann „plustert“ sie sich auf.

ACHTUNG:
Basteln Sie Ihre Clowns immer zuerst fertig – erst dann wird mit Plusterfarbe gearbeitet!

Das Auftragen von Plusterfarbe

1. Sie können die Plusterfarbe auf jeden Karton (gleich welcher Farbe) auftragen.
Kleine Muster, wie zum Beispiel Streifen, Punkte oder Schuhbänder brauchen nicht mehr aus Tonkarton ausgeschnitten werden, sondern können direkt aufgetragen werden.
Damit ersparen Sie sich manchmal das Ausschneiden von sehr kleinen Motivteilen, das viel Geduld und Fingerspitzengefühl verlangt.

2. Wenn Sie größere Flächen nicht lückenlos plustern möchten (z.B. Haare), unterlegen Sie die Fläche mit einem gleichfarbigen Tonkarton.

3. Wollen Sie Formen (z.B. Pompons, Haare usw.) klar abgrenzen, dann fertigen Sie sie aus dem gleichfarbigen Tonkarton an und kleben sie auf. Erst dann wird mit Plusterfarbe verziert und anschließend geföhnt.

Der fliegende August

Tonkarton:
orange, gelb, blau, rot, grün
und weiß
Plusterfarbe: gelb, rot und grün
Bleistift
schwarzer und roter Filzstift
Schere, Klebstoff, Fön

So wird der fliegende August gebastelt:

Für seinen Luftballon-Flug braucht der dumme August seine Augen, die Nase, die Mundpartie und seine schönen gelben Haare. Dann bekommt er einen lachenden Mund und die schwarzen Kulleraugen.
Fixieren Sie die Hände mit den bunten Ballons und das viel zu große Schuhpaar an dem Anzug.
Dann wird der rote Kragen aufgeklebt und der vorgearbeitete Kopf ergänzt.
Der Anzug des kleinen Luftikus-Clowns wird kunterbunt verziert; überstehende Punkte werden mit der Schere angeglichen.

Soll der fliegende August auch Ihren Nachbarn gefallen? Dann arbeiten Sie die Rückseite deckungsgleich.

Vergessen Sie die Pluster-Effekte nicht, ... da schwebt sich's noch viel besser!

Der Seiltanz

Tonkarton: orange, gelb, blau, rot,
weiß und grün
Plusterfarbe: gelb und rot
Bleistift
schwarzer und roter Filzstift
Schere, Klebstoff, Fön

So wird der Seiltänzer gebastelt:

Zeichnen Sie die Augen, den Mund und die Knopfleiste des mutigen Seiltänzers auf.

Dann bekommt er seine roten Schuhe und die Hände, die Haare, seine Knollennase und die Augen.

Ohne seine Lieblingsmütze traut sich der Akrobat nicht aufs Seil – drum kann er heute auch so fröhlich lachen!

Nun fehlen ihm nur noch seine grünen Hosenträger, der vorgearbeitete Kopf, die großen Knöpfe und sein Schirm zum Balancieren.

Ganz offensichtlich hatte unser kleiner Seiltänzer schon so manche unfreiwillige Notlandung, aber die Löcher in der Hose sind schön geflickt!

Ein kleiner Schelm

Tonkarton:
orange, gelb, blau, grün, rot und weiß
Plusterfarbe:
gelb, rot und schwarz
Bleistift,
roter und schwarzer Filzstift
Schere, Klebstoff, Fön

So wird der kleine Schelm gebastelt:

Na, so ein kleiner Schelm braucht zuerst einmal einen lachenden Mund und schwarze Kulleraugen, aus denen der Schalk nur so blitzt! Dann gibt's noch eine rote Nase und einen bunten Tupfenhut.

Äußerst farbenfroh sind auch die Hose und die Schuhe, nicht zu vergessen die Jacke samt Krawatte.

Nun kleben Sie den vorgearbeiteten Kopf und die Ärmel mit den Händen auf.
Der kleine Schelm bekommt noch seine rasante Gelbhaar-Frisur und farblich passend einen Flicken auf die Jacke.

Und wär's vielleicht möglich, noch ein paar Pluster-Effekte zu setzen? Der kleine Schlawiner liebt so etwas nämlich sehr!

Träumereien

Tonkarton:
weiß, schwarz und gelb
Plusterfarbe: schwarz
Bleistift
schwarzer und roter Filzstift
Goldstift
Schere, Klebstoff, Fön

So wird der kleine Träumer gebastelt:

Kleben Sie dem traurigen Pierrot die Kappe auf den Kopf, und zeichnen Sie das Gesicht nach dem Vorlagenbogen auf.

Die Kragenteile werden mit einem Goldstift (gepunktete Linien) umrandet; dekorieren Sie die Kappe mit goldenen Punkten.
Die Schnittkanten des weißen Tonkartons zeichnen Sie an der ganzen Figur mit einem schwarzen Stift dünn nach – so ist die Abgrenzung der einzelnen Teile gut zu erkennen.
Der kleine Träumer wird mit seinen Händen und den Füßen ergänzt. Dann fixieren Sie folgende Teile nacheinander auf der Jacke: die Beine, die Arme, die zwei Kragenteile, den Kopf und die Knöpfe.

Und zum Schluß setzt sich unser Pierrot auf den Mond und läßt sich noch mit Pluster-Pen verzieren.

Zwei kleine Clowns ganz groß

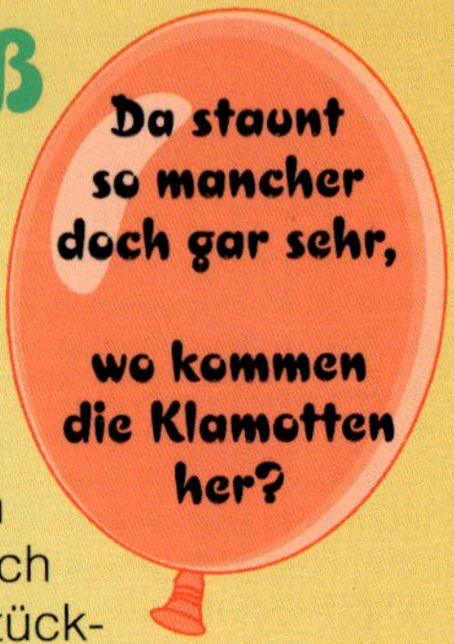

Tonkarton: orange, gelb,
grün, rot, schwarz und weiß
Plusterfarbe:
schwarz, orange, rot und gelb
Bleistift
schwarzer und roter Filzstift
Schere, Klebstoff, Fön

Meine Ärmel sind zu lang, ...

Unwohl scheint sich der linke Geselle ja nicht gerade zu fühlen – aber die Jacke ist trotzdem zu groß! Aufgemalt werden zu Beginn die Augen, der Mund und die Ärmelstriche; kleben Sie dann die Mundpartie, die Nase, die Augen, die Haare und den Hut mit der Blume auf.
Auf dem schwarzen Körperteil werden folgende Teile nacheinander fixiert: die Mantel- und die Kragenteile, die Flicken und der fertige Kopf. Unter den langen Ärmeln schauen die Hände noch ein klitzekleines Stückchen vor.

... und diese Hose ist zu groß!

Dieser kleine Clown hat eindeutig eine zu große Hose erwischt! Zuerst bekommt er aber seinen Mund und die Augen, die aufgemalt und dann – wie auch die Nase und die Haare – aufgeklebt werden. Unter der großen Hose gibt es genügend Platz für das Hemd mit der Hand und die Schuhe; dann fehlen noch die Hosenträger, die Flicken, und zum Schluß wird der fertige Kopf aufgeklebt.
Und – wenn die beiden anziehen dürfen, was ihnen gefällt, dann dürfen Sie auch plustern, wo's Ihnen gefällt!

Auweia!!!

Tonkarton: orange, gelb, schwarz, blau, grün, weiß und rot
Plusterfarbe: schwarz und rot
Bleistift, schwarzer Filzstift
Schere, Klebstoff, Fön

Zerrissen ist mein schönes Kleid, das geht nun aber doch zu weit.

Das schöne Streifenkleid ist ganz schön lädiert – der Po des kleinen Clowns, die bunten Strümpfe und die Schuhe werden von hinten angebracht.

Autsch!

Kleben Sie das Augenweiß, die Nase, das Haarteil und die fertiggestellte Mundpartie auf das Gesicht des erschrockenen Clownkindes auf. Dann bekommt es schwarze Augen; das Kopfteil sowie der Arm mit der Hand werden anschließend fixiert.

Klein, aber oho!

Was hat sich wohl der kleine schwarze Hund gedacht, der nun den Flicken im Maul hat?
Geben Sie ihm aber trotzdem sein Ohr, das Auge, die Nase und das rote Halsband – und wenn Sie die beiden noch ein bißchen plustern, vielleicht versöhnen sie sich dann wieder...!

Ich bin der Größte

Tonkarton:
orange, rot, gelb, blau, weiß,
grün, hell- und mittelgrau
Plusterfarbe:
rot, gelb und schwarz
Bleistift
schwarzer und roter Filzstift
Schere, Klebstoff, Fön

So wird der stolze Reitersmann gebastelt:

Kleben Sie das Augenweiß, die Nase, die Mundpartie und die Haarteile auf; dann bekommt der größte aller Reitersmänner seine Augen und den Mund.
Die Hände und der Schuh werden von unten ergänzt, nun sind der Kragen und der fertige Kopf an der Reihe. Und vergessen Sie die kunterbunten Flicken nicht!

So wird der Elefant gebastelt:

Das graue Rüsseltier wird mit dem Auge und dem roten Mund dekoriert – das Tupfentuch schwenkt der Elefant fröhlich durch die Gegend!
Wenn der Clown sich auf sein Reittier gesetzt hat, können Sie noch das Elefantenohr ergänzen. Und ab geht's zum Plustern!

Der Musikclown

Tonkarton:
orange, rot, gelb, grün, blau,
weiß und schwarz
Plusterfarbe:
gelb, rot und schwarz
Bleistift
schwarzer und roter Filzstift
Schere, Klebstoff, Fön

So wird der Musikclown gebastelt:

Ein Musikclown hat auf der blauen Bank Platz genommen.

Er will zuerst sein Augenweiß, die Nase, die weiße Mundpartie und seine pechschwarzen Haare – der Hut wird von hinten ergänzt.

Dann malen Sie die Augen, den Mund und alle gepunkteten Linien (siehe Vorlagenbogen) auf.

Die Ziehharmonika, die Hände, seine Schuhe, der lustige Kragen und der fertige Kopf samt Pluster-Verzierungen sind bei unserem Musikclown noch anzubringen.

Verfolgungsjagd

Tonkarton: orange, gelb, grün, rot, blau, schwarz, weiß, beige, hell- und dunkelbraun
Plusterfarbe: rot, gelb und braun
Bleistift, schwarzer und roter Filzstift, Schere, Klebstoff, Fön

Meine Zehe wird kalt!

Kleben Sie den zusammengesetzten Hut mit der Blume, die Nase und die Mundpartie aufs Gesicht des Clowns; dann werden das Auge, der Mund, die Haare und der Zehennagel aufgemalt.

Bei der wilden Verfolgungsjagd braucht er zudem seine Hand und die Beine mit den bunten Socken – wenigstens den linken Schuh hat er ja auch noch! Nun werden Jacke und Hose zusammengesetzt, Tasche und Ärmel ergänzt.

Der kleine Dieb

Dieser freche Lümmel bekommt zuerst sein Auge, die Nase und alle eingezeichneten Linien (siehe Vorlagenbogen).

Sein Schlappohr fliegt nach hinten, und in der Schnauze hängt der Schuh des Clowns – und zum Schluß wird das Duo noch geplustert!

Komm zurück! Bleib stehen! Halt! Sonst wird mein großer Zeh ganz kalt.

Das Aufziehauto

Tonkarton:
orange, rot, gelb, weiß, grün,
schwarz und blau
Plusterfarbe: gelb und rot
Bleistift
schwarzer und roter Filzstift
Schere, Klebstoff, Fön

Das Auto

Kleben Sie das Lenkrad und den Aufziehschlüssel unter das Auto, die Reifenteile darauf.

Ich zieh' das kleine Auto auf, damit ich heut' nicht laufen brauch'.

Der Clown

Fixieren Sie das Auge, die Nase, die Mundpartie und die Haare auf dem Gesicht des Clowns.
Dann werden die Pupille, der Augenstrich und der Mund aufgezeichnet. Vergessen Sie die Hände unter den Ärmeln nicht, dann bekommt der Streifenclown, der keine Lust zum Laufen hat, seine Füße und den Kopf. Der rechte Arm sitzt unter dem Kleid, der linke darauf.
Und nun müssen Sie den Clown ganz schnell an den Schlüssel kleben – sonst düst das Aufziehauto davon!

Der Drehorgel-Clown

Tonkarton:
orange, blau, rot, gelb, grün,
schwarz und weiß
Plusterfarbe: schwarz und rot
Bleistift
schwarzer und roter Filzstift
Schere, Klebstoff, Fön

So wird der Drehorgel-Clown gebastelt:

Die Augen, die Nase, die Mundpartie und die Haarteile werden zuerst auf das Gesicht geklebt.
Dann zeichnen Sie die Pupillen, den Mund und alle gepunkteten Linien (siehe Vorlagenbogen) auf.
Der Drehorgel-Clown trägt ein rotes Hemd, rote Handschuhe und dazu passend die große Hose mit den Schuhen. Er bekommt den vorgearbeiteten Kopf, den grünen Knopf und als besonderen Schmuck eine riesige Punkte-Schleife.
Für die vielen Groschen, die er bei seinem Auftritt gesammelt hat, braucht er noch eine große Tasche an seiner Jacke.
Die Drehorgel steht vor seinem rechten Bein, und die Zuhörer dürfen ihren Beitrag in den Hut in der linken Hand werfen. Oder vielleicht nimmt der Drehorgel-Mann anstelle von Groschen auch Pluster-Verzierungen an?

Das Clownpüppchen

Tonkarton:
orange, gelb, blau, rot und weiß
Plusterfarbe: gelb und rot
Bleistift
schwarzer und roter Filzstift
Goldstift
Schere, Klebstoff, Fön

So wird Augustinchen gebastelt:

Augustinchen wird zuerst mit den Augen, dem kleinen Näschen, der weißen Mundpartie und ihren gelben Wuschelhaaren geschmückt.

Dann malen Sie die Pupillen, den Mund und die Kragenränder auf.

Auf dem blauen Spielanzug werden nacheinander folgende Teile fixiert: der zweiteilige Kragen, der fertige Kopf, die Schuhe, die Knöpfe und die Sternchen. Vergessen Sie die Hände nicht.

Und wenn Sie hier noch mit Pluster-Pen arbeiten, wird Augustinchen besonders hübsch!

Die Überraschungs-kiste

Tonkarton:
rot, blau, gelb, orange, grün
und weiß
Plusterfarbe: gelb und rot
Bleistift
schwarzer und roter Filzstift
Lineal, Schere, Klebstoff, Fön

So wird der Überraschungs-Clown gebastelt:

Deckel auf – und die Überraschung ist komplett!

Arbeiten Sie zuerst das Gesicht des Clowns fertig, einschließlich Hut und Haare.

Dann wird die Schachtel zusammengebaut und die „Feder" aufgeklebt.

Der Kopf des Schachtel-Clowns wird zum Schluß angebracht – geschmückt von einer riesigen roten Schleife und Pluster-Effekten!

Artisten

Tonkarton: orange, rot, schwarz, weiß, gelb und grün
Plusterfarbe: gelb, rot und schwarz
Bleistift, schwarzer und roter Filzstift
Schere, Klebstoff, Fön

Im Handstand

Auch wenn die Welt verkehrtherum steht, braucht man seine Augen, die Haare und seine rote Knollennase. Von hinten werden die Hände und die Beine mit den Schuhen angebracht. Zum Schluß bekommt der Handstand-Clown seine Flicken, die Hosenträger und den vorgearbeiteten Kopf.

Singen, tanzen, turnen, lachen,

alles müssen Clowns gut machen.

Keinerlei Rückgrat

Der „Brücken-Clown" kann trotz seiner seltsamen Haltung noch lachen, allerhand! Geben Sie ihm deshalb doch auch sein Auge, die rote Nase und die Haare. Und selbst wenn er sie gar nicht sieht: Über seine Schuhe würde er sich schon sehr freuen!
Wenn der Kopf, der Arm, die Tasche, die Pompons und die Pluster-Verzierungen ergänzt sind, dann ist das Kunststück vollendet!

Mein Lieblingspferd

Tonkarton: orange, gelb, blau, grün, rot, braun, schwarz und weiß
Plusterfarbe:
orange, braun, schwarz und gelb
Bleistift, schwarzer und roter Filzstift
Lineal, Klebstoff, Schere, Fön

Aufs Wort gehorcht das Pferd nur mir, es ist ein gut dressiertes Tier.

So werden Reiter und Pferd gebastelt:

Das gut dressierte Pferd bekommt seine Gesichtszüge, und auch der flotte Reitersmann wird mit den Augen, der Mundpartie und der Nase ergänzt. Die Hand sitzt unter dem Ärmel, die Schuhe kleben unter den Hosenbeinen. Wenn Sie die Hose zusammenfügen, müssen Sie die Stange noch dazwischenschieben, bevor Sie alles unter der Jacke fixieren.
Dann wird der Kopf des edlen Reittieres angebracht, Schal, Arm und Haare des Reiters aufgeklebt. Und wie gut die zwei harmonieren, sieht man allein schon an den beiden geplusterten „Mähnen"!

Hier spielt einer falsch

Tonkarton:
orange, gelb, mittel- und dunkelblau,
rot, grün, weiß und schwarz
Plusterfarbe:
gelb, rot und schwarz
Bleistift
schwarzer und roter Filzstift, Silberstift
Schere, Klebstoff, Fön

Dummer August:

Der dumme August will zuerst sein komplettes Gesicht, einschließlich Haare und Hut.
Setzen Sie die Jacke auf die Hose, die Beine mit den Schuhen darunter. Dann wird der grüne Knopf mit den Knopflöchern aufgeklebt, der Kragen mit den Pompons ergänzt und der fertige Kopf fixiert.
Natürlich hat das Kerlchen auch wieder einen Flicken auf der Hose – aber das macht ja nichts: Wer mit seinen Topfdeckeln so tolle Musik machen kann, verdient sogar noch extra Pluster-Effekte!

Weißclown:

Er erhält zuerst ebenfalls die Gesichtszüge. Seine ganze Kleidung wird mit einem Silberstift konturiert, das blaue Oberteil mit Sternchen verziert.
Dann gibt's für den Weißclown Beine und die Hände mit der Trompete, die auf die Jacke geklebt werden. Ergänzen Sie zuletzt den Kragen und den Kopf.

Ein Clownpärchen

Tonkarton: orange, gelb,
grün, rot, schwarz und weiß
Plusterfarbe: schwarz, rot und gelb
Bleistift, schwarzer und roter Filzstift
Schere, Klebstoff, Fön

Clownmädchen

Das flotte Clownmädchen legt zuerst einmal Wert auf sein Gesicht: Auf den gezackten schwarzen Augenhintergrund kommen das Augenweiß und die Pupillen. Dann wird die Nase aufgeklebt, der lachende Mund und die schwarze Sturmmähne werden ergänzt. Heute trägt sie eine kesse Ringel-Hose mit einem Punkte-Oberteil und passenden Schuhen; sie bekommt ihre Arme und ihre Pompons.

Die beiden sind ein tolles Paar, das sieht man doch sofort, nicht wahr!

Clownjunge

Auch der Clownjunge wird mit einem lachenden Gesicht geschmückt, erhält seine Arme, die Hände, die Beine mit den Schuhen und den Hut. Seine Streifen-Hose mit dem Kragen, auf dem der fertiggearbeitete Kopf sitzt, trägt an ausgewählter Stelle einen schwarzen Flicken.
Und überhaupt, wenn seine Freundin so schön geplustert ist, dann will er natürlich nicht nachstehen!